Helmut Künzel

Außenputz

Basiswissen Rissvermeidung und Regenschutz

Fraunhofer IRB | Verlag

Vorwort

Außenwände für Wohnbauten wurden bis ins frühe 20. Jahrhundert mehrheitlich aus Vollziegeln errichtet und mit Mörtel verputzt, der auf den Baustellen aus Sand und Bindemittel hergestellt wurde. Als Bindemittel zum Mauern und Verputzen verwendete man vorwiegend eingesumpften Weißkalk. Aus den genannten Baustoffen stellten die Bauhandwerker Außenputze nach überlieferten Rezepturen her, die in Deutschland in der Mitte des 20. Jahrhunderts erstmals genormt wurden (DIN 18550 von 1955).

Als dann andere Wandbaustoffe mit anderem Mauerverband und höherer Wärmedämmung auf den Markt kamen, hat man nicht bedacht, dass auch die Außenputze entsprechend angepasst werden sollten. Die Weiterverwendung der überkommenen Putznorm hat bereits nach dem Ersten Weltkrieg und vermehrt später mit der Verwendung leichter, wärmedämmender Mauersteine zu Putzschäden geführt. Die Schadensursachen und geeignete Abhilfen waren bis vor wenigen Jahrzehnten unbekannt. Nur in zwei neueren deutschen Normen für Wärmedämmputze und Leichtputze sind zutreffende Angaben für die Putzausführung zu finden. Für übliche mineralische Putze fehlt bis jetzt noch eine entsprechende Korrektur in der Norm. Aus diesem Grund habe ich in dieser Broschüre die schon seit Jahren durch Veröffentlichungen mitgeteilten Entwicklungen und Erkenntnisse bezüglich Mauerwerk und Außenputz in kurzen Darstellungen als Basiswissen zusammengefasst. Mit Sicherheit werden diese Erkenntnisse in späteren Normausgaben berücksichtigt werden, denn eine Norm muss den aktuellen Wissensstand wiedergeben. Die Folgerungen aus den Untersuchungen bzw. Erfahrungen sind jeweils am Ende einzelner Abschnitte als Merksätze formuliert.

Inhaltsverzeichnis

Wie es einmal war

Das Verputzen von Außenwänden ist eine handwerkliche Tätigkeit, die sich über Jahrhunderte aus den Erfahrungen mit den früher vorhandenen Wandbaustoffen sowie Bindemitteln und Zuschlagstoffen entwickelt hat. Im 19. Jahrhundert waren Vollziegel der hauptsächlich verwendete Baustoff für Außenwände von Wohnhäusern. Damals kam es vor allem auf die Tragfähigkeit einer Außenwand an, und hierfür war eine im Läufer-Binder-Verband aufgemauerte 1½-Stein dicke Vollziegelwand die Mindestdicke für Außenwände von Wohnbauten. Nach ausreichender Standzeit wurde ein zweilagiger Außenputz aufgebracht, wobei der dickere Unterputz vor allem Unregelmäßigkeiten des Rohmauerwerks ausgleichen sollte. Nach Festigung dieser Putzlage füllte und überdeckte ein dünnerer Oberputz entstandene Schrumpf- oder Schwindrisse. Zum Mauern und Verputzen wurde hauptsächlich Kalkmörtel verwendet. In der Regel wurde dem Unterputz etwas Zement zugegeben, damit er schneller erhärtete und der Oberputz zeitnah aufgebracht werden konnte (beschrieben in [1]).

Die hygrothermischen Eigenschaften von Stein und Mauermörtel waren ähnlich. Es war eine stabile Wand, aus der keine Spannungen oder Bewegungen auf den Putz übertragen wurden. Außerdem hatte eine solche Vollziegelwand einen guten Regenschutz. Denn nicht nur der Außenputz, sondern auch die parallel zum Außenputz verlaufenden Mauermörtelfugen wirkten als »Regenwasserbremsen« (nachzulesen in [1]). Daher war der Regenschutz umso besser, je dicker eine Vollziegelwand war.

Spannungen oder Bewegungen kamen von außen, insbesondere durch Besonnung und Beregnung. Wenn Putzschäden auftraten, wurden sie vom Putz selbst verursacht. Beim damaligen Baustellenmörtel konnten bei den einzelnen Chargen bisweilen Unterschiede in der Zusammensetzung vorkommen, die Putzschäden zur Folge hatten.

Diese Art des Bauens und des Transports der Baustoffe repräsentieren Bild 1 und die zugehörigen Verse.

Bild 1 Hier wird neben dem Aufmauern der mühsame Ziegeltransport mit Pferdefuhrwerk und das Hochtragen der Ziegel dargestellt

Der Maurer.
Wenn der Frühling wiederkehrt,
Und der Schnee verschwindet,
Ist der Maurer wieder froh,
Weil er Arbeit findet.
Früh beginnt er schon sein Werk,
Wirds im Morgen helle
Greift er nach dem Winkelmaß
Und nach seiner Kelle.
Drauf legt er Stein auf Stein,
Wirft den Kalk darüber.
Brennt das Pfeifchen in dem Mund,
Mauert er noch lieber.
Schnurgrad müssen Wände sein,
Darf drum nicht vergessen,
Mit dem Blei, dem Winkelmaß,
Oftmals nachzumessen.

Paul Hey

aus: Walter Klein: Bauten, Dächer, Handwerker.
Bremen: H.M. Hauschild GmbH, 1996

Bei Ziegelmauerwerk, im Läufer-Binder-Verband aufgemauert, gab es kaum Putzschäden und der Regenschutz war durch einen üblichen Außenputz in Verbindung mit dem Fugenmörtel im Allgemeinen gut.

Wie es weiterging

Nach dem Ersten Weltkrieg war man auf der Suche nach Möglichkeiten, rationeller zu bauen und leichteres Baumaterial zu verwenden, denn die schweren Vollziegel waren damals auch ein Transportproblem. Man verwendete deshalb Ziegel mit Lochung und Mauersteine aus Leichtbeton (Voll- oder Hohlblocksteine aus Hochofenschlacken oder Bimskies), die auch größer sein konnten, z.B. in der Dicke des vorgesehenen Rohmauerwerks (1-Stein dick). Durch die Leichtbetone ist erstmals das Schwinden als eine nachträgliche Formänderung der Mauersteine aufgetreten, was bei Ziegeln nicht der Fall war.

Bei den damaligen Entwicklungen ist zu bedenken, dass das Verputzen von Wänden eine rein handwerkliche Tätigkeit war. Deshalb waren bei Unklarheiten oder Problemfällen die Handwerker zuständig und gefragt. Erst in der zweiten Hälfte des 20.Jahrhunderts wurden neben dem Steinmaterial auch Außenputze zum Forschungsobjekt. Das macht das lange Festhalten an handwerklichen Regeln verständlicher. Was aber damals nicht bedacht wurde: Durch den einfacheren Verband der größeren Mauersteine verringerte sich die Mauerstabilität und infolge des Fehlens von Mörtelfugen parallel zum Außenputz war der Regenschutz geringer. Bei solchen Wänden traten Putzschäden auf, deren Ursachen damals nicht erkannt wurden.

Vermehrt aufgetretene Putzschäden in Wohnungsaußenwänden veranlassten Professor Graf vom Materialprüfungsamt der Technischen Hochschule Stuttgart 1942 zu Umfragen in 31 Hochbauämtern des damaligen Reichsgebiets über die Ausführung von Außenputzen. Man hoffte, dadurch Hinweise auf die Ursachen aufgetretener Schäden zu gewinnen. Ermittelt wurde alles, was die Putze betraf, einschließlich der Sieblinien der Putzsande. Über die Art der Putzschäden wurde in der Veröffentlichung der Ergebnisse nichts erwähnt, auch nichts über die Arten des Mauerwerks [2]. Zu sehr war man damals offensichtlich davon überzeugt, dass Putzschäden durch den Putz bedingt seien. Heute wissen wir darüber mehr, wie im Folgenden noch ausgeführt wird. Nach dem genannten Bericht wurde seinerzeit meist die Ansicht vertreten, dass der Oberputz weicher und nachgiebiger sein soll als der Unterputz, damit die Wärmedehnungen und ferner das mögliche Schwinden der Mauersteine keine übermäßigen Spannungen im Oberputz verursachen. Das war damals offenbar die einheitliche Meinung über die Ausführung von Außenputzen (siehe auch [1]). Vermutlich geht aber diese Meinung eher auf das ursprünglich verwendete Bindemittel Weißkalk als Ursache zurück, dem – wie schon erwähnt – zum rascheren Erhärten etwas Zement zugegeben wurde.

Aufgrund dieser Meinung – aus welchem Grund auch immer – wurde in der ersten Putznorm DIN 18550, Ausgabe 1955 unter der Überschrift »Aufbau des Putzes« Folgendes formuliert:

> »Grundsätzlich gilt die Regel, dass der Unterputz mindestens so fest sein muss wie der Oberputz.«

Das bedeutet, dass der Unterputz eher fester und somit der Oberputz weniger fest als der Unterputz sein soll. Praktisch die gleiche Formulierung findet sich in der späteren Normausgabe von 1967.

Bei Beratungen für eine dritte Normausgabe wurden hinsichtlich dieser Grundsatzregel für Außenputze Bedenken laut, da inzwischen das Funktionieren von Wärmedämmputzen und Leichtputzen mit weichem Unterputz und härterem Oberputz bekannt geworden war (siehe nächster Abschnitt). Da aber zum damaligen Zeitpunkt die Norm für Dämmputze noch nicht endgültig beschlossen worden war, wurde eine Korrektur der Grundsatzregel mehrheitlich abgelehnt. Die konventionell eingestellten Fachberater der Mörtelindustrie verteidigten die überkommene Putzregel gegenüber Neuerungen. Deshalb blieb die Grundsatzregel bestehen. Das wurde aber nicht in einem kurzen Satz ausgedrückt, wie in den bisherigen Normen, sondern in einer ausführlichen Begründung, welche die Regel »weich auf hart« bestätigen sollte, dies aber nur vermeintlich tat, da die Beweisführung nicht stichhaltig und überzeugend war.

In der dritten Ausgabe der DIN 18550-1 von 1985 wird in Abschnitt 5.1 Folgendes über die Putzlagen ausgeführt:

»Die Eigenschaften der verschiedenen Putzlagen eines Systems sollen so aufeinander abgestimmt sein, dass die in den Berührungsflächen der einzelnen Putzlagen und des Putzgrundes z.B. durch Schwinden oder Temperaturdehnungen auftretenden Spannungen aufgenommen werden können. Diese Forderung kann bei Putzen mit mineralischen Bindemitteln im Allgemeinen als erfüllt angesehen werden, wenn die Festigkeit des Oberputzes geringer als die Festigkeit des Unterputzes ist oder beide Putzlagen gleich fest sind. Ausnahmen hierzu siehe DIN 18550, Teil 2, Abschnitt 4.«

Diese Ausführungen sind kein Beweis für »weich auf hart«; sie gelten nämlich genauso umgekehrt, also für »hart auf weich«. In dem genannten Abschnitt 4 ist Folgendes zu lesen: »In begründeten Fällen kann ein Putzsystem gewählt werden, das von den vorgenannten Gesichtspunkten abweicht. Die Eignung derartiger Systeme ist durch Erfahrung zu begründen oder durch probeweise Putzausführung, die langfristig zu beobachten ist, nachzuweisen.« Mit anderen Worten: Man kann die Putzregel anwenden oder man kann es auch anders machen, wenn dafür praktische Erfahrungen vorliegen.

Die große Mehrheit von Außenputzen wurde und wird nach »erprobten Varianten« ausgeführt und nicht nach dem Grundsatz »weich auf hart«; das war für die inzwischen üblichen Mauerarten keine brauchbare Regelung! Um die Jahrtausendwende wäre wieder eine Überarbeitung der Putznormen und wohl eine Zusammenfassung der verschiedenen Gesichtspunkte fällig gewesen. Das erfolgte aber nicht, da damals eine europäische Normung im Gespräch war.

Ab den 1970er-Jahren wurde zur Heizenergieeinsparung eine deutliche Erhöhung der Wärmedämmung von Außenwänden verordnet. Bei Ziegelmaterial hatte das z.B. zur Folge, dass man Hochlochziegel aus porosiertem Ton herstellte, wodurch die Mauersteine leichter und wärmedämmender wurden. Im Gegensatz zu den zuvor verwendeten nicht porosierten Ziegeln traten dabei aber Putzrisse auf. Das war zunächst überraschend, denn Ziegel erwiesen sich bisher als relativ unproblematischer Putzgrund (Näheres hierzu im übernächsten Abschnitt).

> Mit der Abkehr vom Vollziegelmauerwerk und der Verwendung von größeren Mauersteinen bei einem anderen Mauerverband zur Rationalisierung der Arbeiten, aber unter Beibehaltung der überkommenen Putzregel »weich auf hart«, traten zunehmend Putzschäden auf. Während der beiden Weltkriege und in der politisch unruhigen Zwischenzeit bestand aber keine Möglichkeit für Forschungen zur Ermittlung der Schadensursachen.

Entwicklungen durch Fachfremde

Die zunächst »unorthodoxen« Maßnahmen von Fachfremden, bereits vor Jahrzehnten begonnen und teils belächelt oder abgelehnt, waren schließlich der Beginn einer neuen »Philosophie« in der Putztechnologie. Es war gewissermaßen eine Wandlung von stabilen, festen, zu filigranen, weichen Konstruktionen. Fachleute trauten sich zunächst nicht, von der Normregel für Putze »weich auf hart« abzuweichen, da die Ursachen von Putzschäden immer noch nicht geklärt waren. Deshalb waren es Fach- und Betriebsfremde, welche die Putznorm nicht kannten oder nicht berücksichtigten und gegenteilige Systeme zum Patent anmeldeten, nämlich

- Wärmedämmverbundsysteme für einen harten Putz auf weichem Dämmstoff (Patentanmeldung 1959 von einem Anstrichtechniker) und
- Wärmedämmputze für einen harten Oberputz auf einem weichen wärmedämmenden Unterputz (Patentanmeldung 1968 von einer Firma, die Abfälle von Polystyrol-Hartschaum verwerten wollte).

Beide Dämmsysteme haben sich bewährt und werden durch eine bauamtliche Zulassung (das Wärmedämmverbundsystem) bzw. durch DIN 18550-3 (Wärmedämmputzsysteme aus Mörteln mit mineralischen Bindemitteln und expandiertem Polystyrol als Zuschlag) geregelt. Für die weitere Entwicklung war vor allem der Dämmputz von Interesse. Da dieser wegen »falschem Festigkeitsgefälle« – wie es damals hieß – nicht der immer noch geltenden Putznorm entsprach, wurde er besonders eingehend getestet. Außer Laboruntersuchungen wurden über längere Zeitspannen Besichtigungen an Testgebäuden mit diesem Putz vorgenommen. Dies führte 1991 zu der bereits erwähnten Norm für den Wärmedämmputz. Bei den Besichtigungen wurde festgestellt, dass die Bauten mit Dämmputz eher weniger Putzschäden aufwiesen als benachbarte Gebäude mit üblichem Putz. Das veranlasste die Mörtelindustrie, es mit einem Leichtputz zu versuchen, das heißt mit einem Außenputz, dessen Unterputz aus Leichtmörtel besteht (0,6–1,3 kg/dm^3, je nach Typ), der bereits als Mauermörtel Verwendung fand. Und es funktionierte! Nach den Erfahrungen mit dem Dämmputz ging es mit der Normung des Leichtputzes rascher. Bereits zwei Jahre später wurde die DIN 18550-4 »Putz; Leichtputze; Ausführung« veröffentlicht.

Wärmedämmverbundsysteme waren in den 1970er-Jahren so weit entwickelt und erprobt, dass sie als wirtschaftliche Maßnahme zur Erhöhung der Wärmedämmung von Altbauten dienen konnten. Später kamen diese Dämmsysteme auch bei Neubauten zur Anwendung.

Eine Meinung aus damaligen Zeiten

Auf einer Baumesse in München Anfang der 1970er-Jahre wurde neben einem großen Ausstellungsstand eines Fertigmörtelwerks ein kleiner Stand für Wärmedämmputze errichtet. Der Leiter des Fertigmörtelwerks gestand mir, wie er die »armen Irren« damals bedauerte, die »keine Ahnung vom richtigen Aufbau eines Putzes« gehabt hätten und deshalb so etwas anbieten! Aber kurze Zeit später sagte er, dass seine Firma mit Wärmedämmputzen die besten Geschäfte gemacht hätte. So kann es gehen.

Wärmedämmputze, Leichtputze und Wärmedämmverbundsysteme sind bewährte Dämmsysteme mit einer härteren Oberschicht auf einer weicheren Dämmschicht, also entgegen der geltenden Außenputznorm.

Ursachen der Putzschäden: Kerbwirkung

Erhöhte Zugbeanspruchung kann in einem homogenen Material Rissbildungen zur Folge haben, Druckbelastung dagegen Schichtablösungen. Es gibt aber noch einen anderen Wirkmechanismus, nämlich Kerbwirkungen [3]. Ein besonders deutliches Beispiel von Kerbrissen kann anhand von Schäden an einer Außenwand aus porosierten Hochlochziegeln erläutert werden. Als man zur höheren Wärmedämmung solche Leichtziegel verwendete, traten, im Gegensatz zu den Verhältnissen bei üblichen Hochlochziegeln ohne Porosierung, häufig längs der Stoßfugen Putzrisse auf. Da man die Ursache solcher Risse zunächst nicht kannte, bezeichnete man diese als »Stein-Putz-Risse«. Heute wissen wir, dass es Kerbrisse aufgrund von Kerbspannungen, ausgehend von nicht vermörtelten Mauerfugen, waren. Bild 2 zeigt einen Vertikalriss in verputztem Leichtziegelmauerwerk nach Entfernen des Putzes über drei Steinlagen. Die offenen, außenseitig nicht mit Mörtel gefüllten Vertikalfugen in der oberen und unteren Steinlage haben als Kerben nicht nur den Ziegelstein in der mittleren Lage zum Reißen gebracht, sondern durchgehend auch den Außenputz. Die horizontalen Lagerfugen (wahrscheinlich aus Leichtmörtel) konnten diese Bewegungen nicht verhindern. Mit der Verwendung von Leichtputzen als Außenputz konnten in der Folge solche Putzrisse vermieden werden. Der leichte Unterputz mit kleinem E-Modul führt die Kerbspannungen nur vermindert an den Oberputz weiter, der so fest sein muss, dass eventuell verbleibende Restspannungen hier keine Risse bewirken. Der leichte Unterputz muss den Oberputz von den Kerbspannungen aus dem Mauerwerk »entkoppeln«. Man kann ein solches Putzsystem als »Entkopplungsputz« bezeichnen.

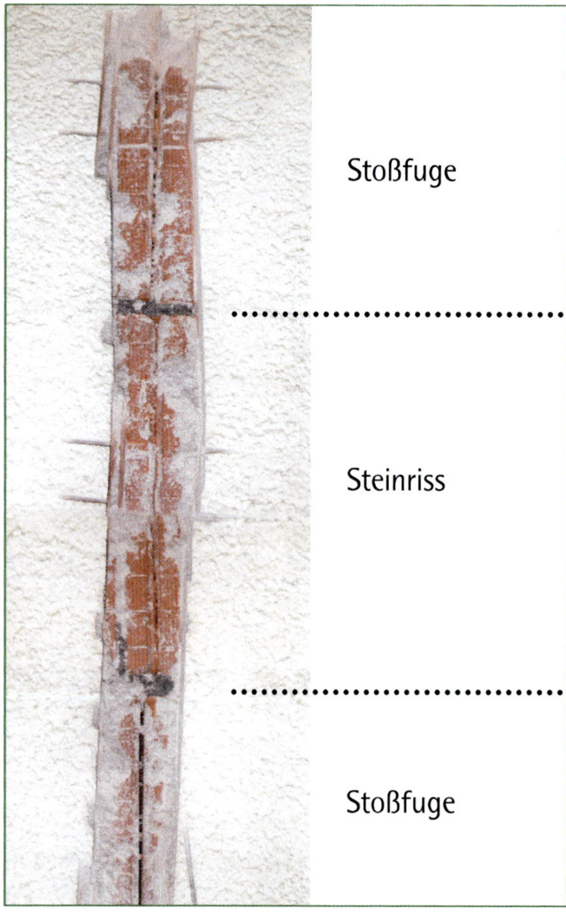

Bild 2 Vertikaler Putzriss in verputztem Leichtziegelmauerwerk. Nach Entfernen des Putzes hat sich gezeigt, dass die nicht vermörtelten Stoßfugen als Kerbe gewirkt haben, die sowohl im Außenputz als auch im angrenzenden Stein Rissbildungen bewirkten. (Foto: U. Erfurth)

Offene, zur Vermeidung von Wärmebrücken nicht voll vermörtelte Stoßfugen sowie Fugen ohne ausreichenden Haftverbund zwischen Stein und Mörtel sind »beweglich«, können »arbeiten« und haben dadurch eine Kerbwirkung. Zwei Beispiele für solche Fälle sind in Bild 3 dargestellt.

Bild 3 Zwei weitere Beispiele von Kerbrissen durch »bewegliche« Fugen (nach [3]).
Links: Vertikale Risse in Sandsteinen, angrenzend an Stoßfugen, im Außenmauerwerk der Kirche in Herrenberg (Baden-Württemberg); rechts: Risse in Werkstein-Bodenplatten, angrenzend an Plattenfugen, in einer Fußgängerunterführung in München

Die Auswirkungen von Kerben sind umso stärker, je geringer die Festigkeit des Steinmaterials ist. Deshalb sind bei den früher üblichen Hochlochziegeln noch keine Putzrisse entstanden, sondern erst bei porosierten Hochlochziegeln mit geringerer Querfestigkeit. Aus dem gleichen Grund haben Putzrisse mit zunehmender »Leichtigkeit« des Steinmaterials zugenommen.

Solche Kerbwirkungen waren wohl auch die Ursache von nicht beschriebenen Putzschäden und nicht erwähnten Mauerwerksarten bei der oben genannten früheren Befragungsaktion [2]. Bei schwindfähigen Leichtbetonsteinen konnten damals beim Trocknen und nicht voller Verfugung Kerben wirksam sein, die bei dem damals noch allgemein üblichen Putz »weich auf hart« sichtbare Putzrisse zur Folge hatten. So lassen sich nachträglich die früher aufgetretenen Putzschäden verstehen. Sie hätten durch einen Entkopplungsputz vermieden werden können.

Die erforderliche Entkopplung muss auf die Art des Mauerwerks abgestimmt werden. Dafür stehen verschiedene Leichtputze zur Verfügung (Typ I und II und ggf. in besonderen Fällen ein Dämmputz). Es wurde auch eine Messmethode entwickelt, mit deren Hilfe das »Entkopplungsmaß« von Putzsystemen ermittelt werden kann (siehe z. B. [4], [5]). Dadurch ließ sich Folgendes feststellen: je weicher der Grundputz und je härter der Deckputz bei angepassten Unterschieden, desto wirksamer die Entkopplung.

Auch bei stabilerem Mauerwerk alter Art ist ein Entkopplungsputz angebracht, da dort meist Einbauten aus anderen Materialien, wie z. B. Fensterstürze oder Rollladenkästen, vorhanden sind, die Kerbwirkungen verursachen können. Dies trifft also auf so gut wie alle heute gemauerten Außenwände zu, weshalb Entkopplungsputze generell in Putznormen an erster Stelle zu nennen sind und nicht als zulässige Ausnahmen wie in der alten DIN 18550-3 (1985) und in der neuen europäischen Norm DIN EN 13914-1 (2016).

Kerbwirkungen nutzen wir auch im Alltag. Will man z. B. ein Blatt Papier ohne Schere teilen, dann faltet man es und glättet den Falz durch Überstreichen. Nach dem Reißen erhält man zwei einzelne Blätter. Durch das Falzen entsteht in der Papierstruktur eine Kerbe, die eine saubere Teilung ermöglicht.

Kunststofffolien lassen sich meist weniger leicht reißen als Papier, aber durch einen kleinen Einschnitt am Rand ist das mit dem gleichen Kraftaufwand möglich. Die aufgebrachte Reißkraft wirkt konzentriert am Einschnitt als Kerbe und ermöglicht eine Teilung.

> In der Vergangenheit immer wieder aufgetretene Putzschäden wurden meist durch Kerbwirkungen aus dem Mauerwerk verursacht. Solche Schäden können durch einen Entkopplungsputz vermieden werden. Durch einen relativ weichen Grundputz wird der Deckputz von Kerbspannungen aus dem Mauerwerk entkoppelt. Der Deckputz benötigt eine entsprechende Festigkeit, um Restspannungen schadlos aufnehmen zu können.

Üblicher Putz und Entkopplungsputz

Beim üblichen Putz sind die zwei Schichten in der Zusammensetzung entweder gleich oder nur wenig unterschiedlich. Man bezeichnet sie nach ihrer Lage als Unter- und Oberputz. Kleine Dickenunterschiede zwischen den Schichten haben dabei im Allgemeinen keine nachteilige Auswirkung.

Bei einem Entkopplungsputz ist das anders. Die beiden Schichten sind deutlich verschieden: Die untere Schicht beinhaltet Leichtzuschläge, die obere mehr Bindemittel. Beide Schichten haben unterschiedliche Aufgaben und müssen aufeinander abgestimmt sein, damit die Entkopplung funktioniert. Man sollte diese Schichten auch unterschiedlich benennen, nicht nach ihrer Lage, sondern nach ihrer Aufgabe. Vorgeschlagen wird »Grundputz« für die entkoppelnde Schicht, auf die als schützende und abschließende Schicht der »Deckputz« folgt. Insbesondere Letzterer muss gleichmäßig dick aufgetragen werden. In der Leichtputznorm DIN 18550-4 war dafür eine Dicke von 5 mm angegeben. An dünneren Stellen – z. B. infolge einer Strukturierung – können Risse entstehen, welche die Funktion des Deckputzes beeinträchtigen. Für eine spezielle Putzstruktur muss daher eine zusätzliche Putzschicht, eine sogenannte Dekorschicht, aufgebracht werden, die aber keine höheren Spannungen in das Putzsystem übertragen soll.

Die Erfahrungen mit der dauerhaften Sanierung von »arbeitenden« Rissen in einer Außenwand durch das Aufbringen einer Wärmedämmschicht mit Außenputz bestätigen die Funktionalität eines Entkopplungsputzes.

Übrigens hatten bereits die Römer einen Entkopplungsputz. Von ihnen haben wir im Bauwesen ja schon vieles übernommen. So kommt beispielsweise die Bezeichnung »Mauer« vom lateinischen *murus*. Warum dann nicht auch den Entkopplungsputz übernehmen? Die Römer verwendeten diesen Putz bei Holzfachwerk.

Vitruv schildert im 3. Kapitel seines siebten Buches über Architektur das Verputzen von Holzfachwerk folgendermaßen: »Nachdem die Wand mit Lehm verstrichen ist, hefte man an dieselbe nach einer Richtung hin Rohre mittels breitköpfiger Nägel. Nachdem man hierauf abermals eine Lehmschicht darüber gestrichen, hefte man senkrecht dazu eine zweite Berohrung darüber und setze dann den feinsandigen und den Marmorbewurf darauf.«

Bei Vitruv, der zur Zeit Cäsars lebte, bestand die Entkopplungsschicht somit aus zwei Rohrlagen, eingebettet in Lehm. In Bild 4 ist diese Art des Wandaufbaus im Vergleich zu einem Dämmputz dargestellt.

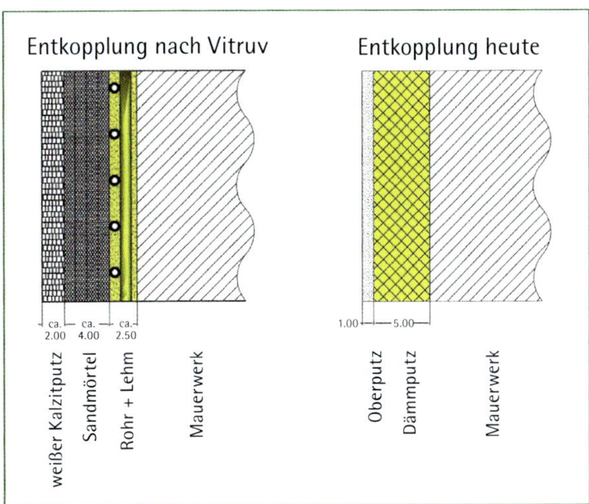

Bild 4 Vergleichende schematische Darstellungen eines Wandaufbaus mit Entkopplungseffekt zwischen konstruktiver Wand und Fassadenputz nach Vitruv (nach Ermittlungen von Ludwig Curtius an Bauten in Pompeji) und eines Wärmedämmputzsystems heutiger Art. Die jeweiligen Entkopplungsschichten sind gelb gekennzeichnet.

Somit reiht sich der Entkopplungsputz, bestehend aus Grundputz und Deckputz, in die Reihe anderer Funktionsputze ein, wie Wärmedämmputz, wasserabweisender Putz oder Sanierputz. In Verbindung mit kunstharzvergüteten Putzen und einer Gewebeeinlage bei Wärmedämmverbundsystemen spricht man von einem »Armierungsputz«. Für die positive Wirkung einer solchen Gewebeeinlage bei mineralischen Putzen fehlen aber bisher noch überzeugende Ergebnisse.

Für den »üblichen« Putz verbleibt die von Christian Stieglitz bereits 1792 in der Enzyklopädie der bürgerlichen Baukunst folgendermaßen formulierte Aufgabe: »Damit man weder die Steine noch das Holz siehet, woraus die Mauer oder Wand bestehet«. Man kann diesen Putz auch als »Sichtputz« bezeichnen, analog zum Begriff »Sichtmauerwerk« für eine unverputzte Mauer.

Generell ist bei heutigem Mauerwerk ein auf die Art des Mauerwerks abgestimmter Entkopplungsputz vorzusehen.

Mauerfeuchte bei häufiger Beregnung

Bei häufiger Beregnung kann bei einem 1-Stein dicken Mauerwerk – auch ohne Risse im Außenputz – erhöhte Feuchtigkeit auftreten. Dafür ist die im Vergleich zu einem Vollsteinmauerwerk geringere Masse der leichten, wärmedämmenden Mauersteine die Ursache. Aufgrund ihrer geringeren Masse können diese Mauersteine weniger Feuchte speichern. Bei Regen dringt die Feuchte daher weiter in die Wand ein und wird schließlich innen sichtbar (Feuchtedurchschlag). Dieser Unterschied zwischen Vollsteinmauerwerk und leichterem Mauerwerk wurde auch an den Versuchshäusern der zum Fraunhofer-Institut für Bauphysik IBP gehörenden Freilandversuchsstelle Holzkirchen festgestellt. Die 24 cm dicken Westwände (Wetterseite) von Versuchshäusern mit Außenwänden aus Bimsbeton, Schlackenbeton und Porenbeton waren deutlich feuchter als 38 cm dicke Wände aus Vollziegeln oder Kalksandvollsteinen.

Auch an neu errichteten Häusern in der näheren Umgebung wurde festgestellt, dass die Außenwände aus 24 cm Ziegelsplitt-Lochsteinen mit üblichem Außenputz keinen ausreichenden Schlagregenschutz bewirken. An den Westfassaden (Wetterseite) aller Häuser dieser Siedlung musste wenige Jahre später eine nachträgliche Außenbekleidung – damals mit Asbestzementplatten – als Regenschutz aufgebracht werden, wie in Bild 5 zu sehen ist.

Damit wird gleichzeitig die starke Regenbelastung des Versuchsgeländes dokumentiert.

Bild 5 Wetterseite eines neu gebauten Hauses einer Wohnsiedlung in unmittelbarer Umgebung des Versuchsgeländes

Deshalb wurden in der Freilandversuchsstelle eingehende Untersuchungen an Außenputzen auf verschiedenen Wandbaustoffen bei natürlicher Bewitterung durchgeführt. Um die zeitlichen Feuchteverhältnisse an einer jeweils gleichen Wandausführung zu erfassen, wurden Wandproben in Holzrahmen von 50 cm × 50 cm hergestellt, die in einen Versuchsstand mit Orientierung nach Westen (häufig beregnet) und Osten (selten beregnet) eingebaut wurden (siehe hierzu Bild 6 mit weiteren Erläuterungen).

Bild 6 Ansicht der Prüfwand des langgestreckten Versuchsstands mit den Wandproben 50 cm × 50 cm (Ostseite). Die gleichen Proben waren auf der Westseite angeordnet. Von Zeit zu Zeit wurden die Proben zur Ermittlung des Gesamtgewichts entnommen. Damit konnte man zerstörungsfrei an jeweils gleichen Wandausschnitten die Gewichts- und damit die Feuchteänderungen ermitteln. Der Innenraum wurde im Winter auf Wohnverhältnisse beheizt und befeuchtet. Die auf die Westproben treffenden Schlagregenmengen wurden registriert.

In Bild 7 sind als Beispiel die Feuchteverhältnisse bei Wandproben aus Porenbeton ohne Putz sowie mit üblichem und wasserabweisendem Außenputz über den Zeitraum eines Jahres bei zeitweiliger Beregnung (Westseite) dargestellt.

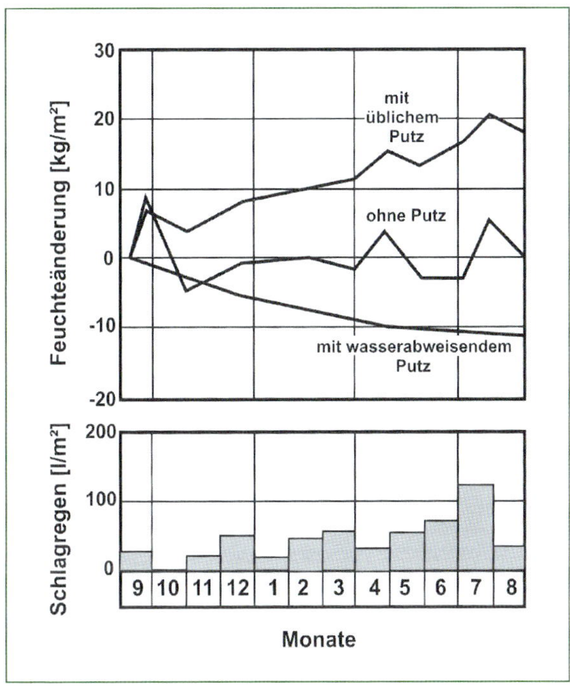

Bild 7 Feuchteänderungen von Mauerproben aus Porenbeton ohne Putz sowie mit Kalkzementputz und mit wasserabweisendem Putz bei Orientierung nach Westen im Verlauf eines Jahres, mit Angaben der Beregnung

Ohne Außenputz treten größere Schwankungen zwischen Regenperioden und Trocknungsperioden auf, aber der mittlere Feuchtegehalt übers Jahr ist etwa konstant. Mit dem üblichen Putz ist die Wasseraufnahme in den Regenperioden jeweils geringer als ohne Putz, aber die Trocknung ist anschließend deutlich noch geringer. Die Trocknungsmöglichkeit ist im Vergleich zur Wasseraufnahme zu gering, sodass in der Jahresperiode die Wandfeuchte stetig zunimmt. Lediglich beim wasserabweisenden Putz ist bei den gleichen Beanspruchungen eine stetige Trocknung der Anfangsfeuchte (herstellungsbedingt) zu erkennen.

> Die Regenbeanspruchung und die Art des Mauerwerks sind für die Auswahl des Regenschutzes maßgebend.

Was ist ein wasserabweisender Außenputz?

Zur Ermittlung der Wasseraufnahme des Mauerwerks aus dem Außenputz bei Beregnung, und umgekehrt der Trocknung vom Mauerwerk durch den Putz nach außen, dienen folgende Messwerte des Außenputzes:

Wasseraufnahme:
Wasseraufnahmekoeffizient w $[kg/(m^2 \cdot h^{0,5})]$

Trocknung:
Diffusionswiderstand s_d [m]

Von diesen Eigenschaften eines Putzes in Verbindung mit der Häufigkeit und Dauer der Regen- und Trocknungszeiten hängen die sich langfristig in der Außenwand eines Gebäudes einstellenden Feuchteverhältnisse ab. Das ist eine Ermittlung ohne Berücksichtigung der spezifischen Eigenschaften des Mauermaterials, was für eine Näherungsbetrachtung zulässig ist. Aus jahrelangen Untersuchungen an verschiedenen Mauerwerksarten und Außenputzen, in der Art wie in den Bildern 6 und 7 erläutert, wurden von den günstigen Ergebnissen (das bedeutet: keine langfristigen Feuchtezunahmen) die jeweiligen Messwerte w und s_d ermittelt. Daraus wurde der in Bild 8 dargestellte Anforderungsbereich für wasserabweisende Putze abgeleitet. Dass es für die Wirkung wichtig ist, die erprobten hydrophobierenden Zusatzmengen einzuhalten, geht aus den Messergebnissen in Bild 9 hervor. Wasserabweisende Putze können deshalb nur aus Werkmörteln hergestellt werden. Die Auswirkung eines solchen Außenputzes auf die Trocknung einer feuchten Wand und die Langzeitbewährung bei Beregnung wird aus Bild 10 ersichtlich.

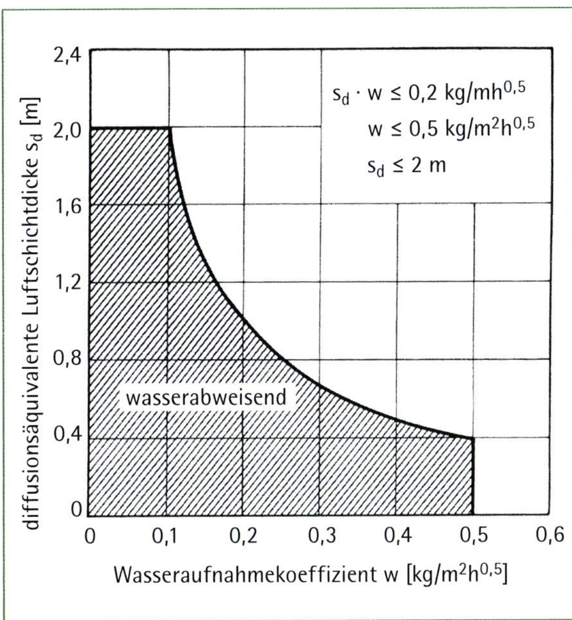

Bild 8 Anforderungen an wasserabweisende Putz- und Anstrichsysteme nach DIN 4108-3 aufgrund von Messungen des Wasseraufnahmekoeffizienten w und der diffusionsäquivalenten Luftschichtdicke s_d; Putze mit Messwerten innerhalb des gerasterten Bereichs gelten als wasserabweisend

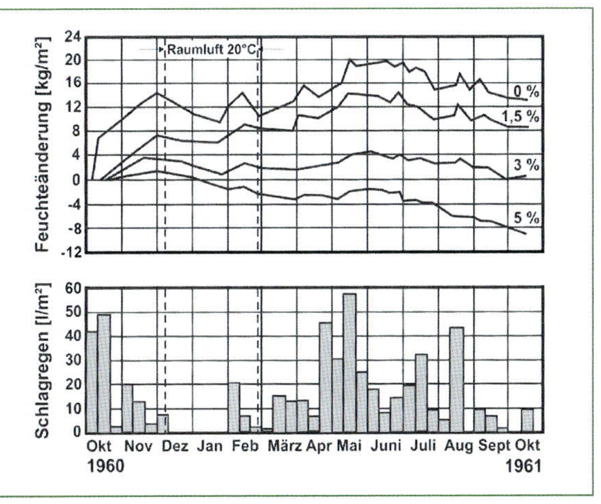

Bild 9 Mauerproben aus Porenbeton mit Kalkzementputz bei unterschiedlichen Zugaben eines Hydrophobierungsmittels im Verlauf eines Jahres mit Angabe der Schlagregenmengen

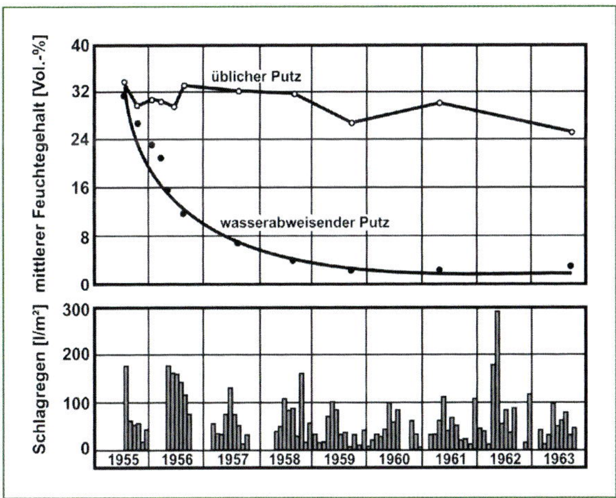

Bild 10 Zeitliche Verläufe des Feuchtegehalts einer nach Westen orientierten Außenwand aus Porenbeton (Gebäude auf dem Versuchsgelände), verputzt mit einem üblichen und einem wasserabweisenden Außenputz

Die durch die Freilanduntersuchungen in Holzkirchen im Alpenvorland (680 m über N.N.) ermittelten Anforderungen an wasserabweisende Außenputze haben sich auch im norddeutschen Küstengebiet bewährt. Diese Putzart ist nun seit vier Jahrzehnten im Einsatz. In DIN 4108-3 wird der Regenschutz von wasserabweisenden Putzen gleich bewertet wie hinterlüftete Außenwandbekleidungen.

> Bei heutigem Mauerwerk mit erhöhter Wärmedämmung ist zumindest auf der Wetterseite von Gebäuden ein wasserabweisender Außenputz erforderlich.

Zusammenfassung und Folgerungen

Aufgrund dieser Darstellungen ist es notwendig und richtig, das Mauerwerk aus wärmedämmenden Steinen anders zu verputzen als das frühere stabile Mauerwerk aus kleinformatigen Steinen, die fest mit Mörtel verbunden waren, nämlich mit einem Entkopplungsputz. Ein solcher Putz mit einem

- weichen Grundputz und einem
- härteren Deckputz

kann bei angemessener Dimensionierung Kerbspannungen aus dem Mauerwerk ohne Schädigung des Deckputzes aufnehmen. Auf der Basis vorliegender Erfahrungen kann eine zweckmäßige Zuordnung zwischen der Querfestigkeit der Mauersteine und dem Typ des Leichtputzes vorgenommen werden.

Die mindestens 1½-Stein dicke Außenwand aus Vollziegeln hatte früher durch die größere Steinmasse und die zusätzlich regenschützenden Mörtelfugen einen deutlich besseren Regenschutz als heutige 1-Stein dicke Mauen. Deshalb ist bei stärkerer Regenbeanspruchung ein wasserabweisender Außenputz erforderlich. Die Eigenschaften eines solchen Putzes sind in Deutschland in DIN 4108-3 aufgeführt.

Literaturhinweise

Fachartikel

[1] Künzel, H.: Mauerwerk und Außenputz – Entwicklungen im Laufe eines Jahrhunderts. Der Bausachverständige 18 (2022), Nr. 3, S. 20–27

[2] Kaufmann, F.: Außenputz für Massivwände. Wiesbaden: Bauverlag, 1950

[3] Künzel, H.: Kerbwirkungen – die unterschätzte Schadenursache. Der Bausachverständige 17 (2021), Nr. 6, S. 24–26

[4] Künzel, H.: Wandlungen in den Anforderungen und der Ausführung von Außenputzen. Das Mauerwerk 4 (2000), Nr. 3, S. 95–102

[5] Künzel, H.: Entkopplungsschichten und Armierungsputze. Der Bausachverständige 17 (2021), Nr. 4, S. 15–18

Fachbücher

Künzel, H.: Schäden an Fassadenputzen. 3., überarb. u. erw. Aufl. Stuttgart: Fraunhofer IRB Verlag, 2011 (Schadenfreies Bauen; Bd. 9)

Künzel, H.: Bautraditionen auf dem Prüfstand. Die Entwicklung der Bauphysik im Spannungsfeld zwischen Tradition und Forschung. Stuttgart: Fraunhofer IRB Verlag, 2014

Künzel, H.: Außenputze – früher und heute. Wissenschaftliche Erkenntnisse, Praxis und Normung. Stuttgart: Fraunhofer IRB Verlag, 2015

Bibliografische Information der Deutschen Nationalbibliothek:
Die Deutsche Nationalbibliothek verzeichnet diese Publikation in der Deutschen Nationalbibliografie; detaillierte bibliografische Daten sind im Internet über www.dnb.de abrufbar.

ISBN (Print): 978-3-7388-0869-8

Redaktion: Manuela Wallißer
Satz · Layout · Herstellung: Gabriele Wicker
Umschlaggestaltung: Martin Kjer
Druck: Offizin Scheufele Druck & Medien GmbH + Co. KG

Fraunhofer-Informationszentrum Raum und Bau IRB
Nobelstraße 12, 70569 Stuttgart
Telefon +49 711 970-2500
Telefax +49 711 970-2508
irb@irb.fraunhofer.de
www.baufachinformation.de